Les Viticulteurs, qui sont les plus intéressés dans la question, n'ignorent pas qu'on a déjà essayé plus de *six cents procédés*, au nombre desquels, il n'en est pas un seul qui soit pratique ; et si par hasard certaines parcelles de nos vignobles en ont supporté l'application, on a dû compter sur une avance de fonds considérables que la majeure partie des propriétaires ne pouvait s'imposer, ce qui a été une des causes déterminantes du peu d'empressement qu'on a mis à en faire l'application, l'expérience nous démontre que les résultats obtenus ne sont pas encourageants.

Et d'ailleurs, il est évident que l'expérimentation des procédés qu'on a préconisés par des réclames bruyantes et par de médiocres résultats obtenus, a dessillé les yeux des hommes pratiques, et, si toutes les illusions tombent à mesure qu'on applique un procédé, est-ce une raison pour que le Viticulteur clairvoyant se décourage et pour que les hommes désintéressés ne puissent se mettre en présence de ces spéculateurs de la crédulité publique, entourés d'une auréole scientifique et de l'autorité d'un nom déjà connu ? Il appartient aux hommes, vraiment dévoués à cette grave et complexe question, de multiplier au contraire les observations ; apprécier, au point de vue agricole, les essais déjà tentés et ne pas perdre surtout l'espérance, car c'est l'espérance qui a toujours apporté le salut. Elle seule peut donner une inspiration raisonnée qui ne demande qu'à être mise en pratique pour éviter notre ruine et conserver ainsi l'aisance des populations laborieuses ainsi que la richesse de notre budget.

Quoique bien convaincu que les hommes de science trouveront enfin dans leurs lumières, dans leur amour du bien, dans leur patriotisme et dans leur inspiration personnelle, dans un temps plus ou moins éloigné, sans aucune pensée de spéculation, en vue d'un intérêt personnel, le procédé qui devra paralyser la marche du puceron dévastateur sinon le détruire entièrement. Nous avons cru néanmoins être utile à tous et satisfaire au désir d'un grand nombre de Viticulteurs et leur éviter en même temps des hésitations coupables, en mettant sous leurs yeux un *procédé pratique*, à la portée de tout Vigneron, et efficace, attendu qu'il repose autant sur des propriétés chimiques, que sur l'économie du travail et des déboursés, tout en modifiant favorablement la disposition moléculaire et les propriétés physiques du sol, assurant surtout, aux radicelles et aux racines de la vigne, une résistance relative aux attaques de l'insaisissable aphidien.

Puisse notre bonne intention être comprise de tous les Viticulteurs à qui nous destinons notre travail, où nous nous sommes efforcé de démontrer le procédé dans toute sa simplicité. Ce système, avec notre concours le plus dévoué, réalise le désir que tout Viticulteur a déjà manifesté, de voir disparaître de son vignoble ce terrible animalcule qu'on appelle *Phylloxera vastatrix*, ou bien, s'en préserver. Puissions-nous aussi avoir atteint le double but que nous nous sommes proposé de faciliter à tous le moyen de reconstituer les vignes, dans les pays où elles ont été détruites.

Nous avons la ferme conviction que notre opuscule sera d'une réelle utilité pour les Viticulteurs et les Vignerons, chacun y trouvera les détails que nécessite notre système et la formule indiquant à tout homme pratique la manière de procéder pour en faire l'application dans de bonnes conditions.

Nous avons assisté à de nombreuses expériences, nous avons longtemps médité ce sujet, nous y avons découvert d'immenses ressources et pour celui qui se trouve dans la nécessité de démontrer et pour les intérêts du Viticulteur, qui, impressionné d'une manière fâcheuse, s'en va à la dérive pour conserver ses vignobles atteints ou menacés ; aussi, avons-nous sacrifié bien des veilles et des voyages ? Ne fallait-il pas suivre de près et à leur insu, les plus autorisés, surveiller leurs opérations et les approfondir au point de vue pratique ? Oh ! que ne fait-on pas quand le désir de sauver nous anime et que la conviction est là, inspirée par la raison, qui nous pousse et nous crie : courage et persévérance ! N'ayant pour notre part d'autre ambition que de faire le bien et être utile à nos semblables.

> Heureux, si nous avons découvert un procédé pratique pour conserver une seule vigne à chaque Viticulteur !

> C. B.

———

A la mémoire de mon père mort, à son poste d'honneur, à la Salvetat-sur-Agoût.

C. B.

Instituteur comm.

AU COMICE AGRICOLE DE BÉZIERS.

AU CONSEIL GÉNÉRAL DE L'HÉRAULT.

AUX VITICULTEURS DE L'HÉRAULT & DE L'AUDE

AUX INSTITUTEURS , MES COLLÈGUES.

A MES COMPATRIOTES DE PIGNAN.

du lendemain ; oui ! que m'importe, avec ton concours, je me sens fort. Mon procédé d'une grande simplicité ne te coûtera pas cher, pour le mettre à exécution, puisque la nature a tout mis sous ta main ; mais il me faut de ta part de l'obéissance, des soins assidus et beaucoup de labeur. Là est le prix de la victoire dans le combat que nous allons livrer à cet insecte dévastateur ; vous le savez tous, Viticulteurs et Vignerons, ses ravages sont d'autant plus grands qu'il est infiniment petit.

Est-il vrai que souvent la Providence a soufflé une inspiration au plus humble, qui a parfois conduit l'homme attentif aux plus grandes découvertes ? Quoiqu'il en soit et quoiqu'il me répugne de m'exposer à un tête-à-tête avec des hommes dont le mobile a été l'intérêt, je livre à votre sérieux examen mon procédé, hommes de labeur, libre à vous de l'expérimenter. Ce qui m'anime, c'est d'avoir la confiance que vous apprécierez mon désintéressement, Viticulteurs ? Plus que moi, vous êtes intéressés au succès de l'entreprise ! La situation de notre agriculture est gravement compromise et nos vignobles s'en vont après quelques années d'agonie. N'attendons, croyez-moi, une amélioration aux maux qui nous affligent que de l'activité que nous aurons mise à repousser les attaques de ce redoutable puceron ; d'en *Haut* nous vient aussi l'activité pour le bien.

C'est dans le mois de juillet surtout, Viticulteurs, que notre vigilance doit être active, nous ne devons épargner aucune peine pour contrarier cet insecte dans ses pérégrinations et entraver ainsi sa reproduction ; c'est à cette époque que les cavités souterraines se peuplent de colonies nombreuses ; à l'état de larves, au sein de la terre et collé sur les radicelles, l'insecte ne tarde pas à prendre des ailes pour aller

habiter de nouveaux arbustes et y déposer la semence de nouveaux pucerons.

Toutes les ressources de la science ont été mises en
jeu, avec une sagacité qui honore tous ceux qui ont
à cœur d'obtenir une prompte solution du problème.
Toutes les tentatives ont eu jusqu'à ce jour, un mé-
diocre résultat et on peut, en grande partie, s'expli-
quer l'insuccès, par la raison, que tous les efforts ont
été dirigés directement contre l'insecte aptère et sous
terre, alors que par sa métamorphose et sa petitesse,
il lui est permis de déjouer les plus habiles combinaisons du Viticulteur.

Il est aujourd'hui deux faits bien acquis, c'est que
l'aliment nécessaire à son existence, c'est la vigne
qui, seule favorise une reproduction qui nous étonne;
ce qu'il dévore avec friandise de cet arbuste ce sont
les jeunes radicelles ; aussi, c'est sur ce chevelu qu'on
constate toujours de nombreuses colonies.

Maintenant, il nous reste à savoir que dans le
courant du mois d'août l'insecte dévastateur a besoin
du grand air et de la chaleur pour se reproduire,
sous diverses formes ; aussi, peut-on constater que,
dès qu'il est venu insecte ailé, il s'envole de tous cô-
tés pour déposer sur les ceps, qu'il préfère, ou sur
les feuilles, la semence qui doit encore donner une
nouvelle progéniture après avoir passé l'hiver sur le
cep.

Nous voilà donc, Viticulteurs, sur les traces de
cet ennemi redoutable, connaissant les chemins qu'il
fréquente pour prendre ses ébats, il nous sera permis de le contrarier si nous ne pouvons le tuer momentanément, car ce ne sera que quand la récolte
pendante aura été cueillie qu'il nous sera permis
d'appliquer le spécifique pour le détruire sous terre.
Tâchons de le contrarier actuellement dans ses pérégrinations sur le sol et de paralyser ainsi sa reproduction.

Ce 13 août 1876.

II.

Vous êtes étonnés, Viticulteurs, de me voir arriver de si grand matin dans vos vignes. Si je vous ai devancé c'est qu'en présence du grave problème qui nous est posé, je me suis empressé de prendre du repos, hier, dimanche, pour avoir les forces nécessaires, afin de remplir ma tâche et pour combattre aussi la routine qui, malheureusement règne encore parmi nous.

Sous le prétexte que l'homme est né pour vivre en société, vous avez en grande partie passé la soirée au café ; depuis bien longtemps, je me suis convaincu que dans ces réunions on fait peu d'agriculture et faire de la viticulture c'est faire aussi de la bonne politique, et, puisque vous voulez bien me suivre, nous nous distrairons mieux à l'avenir, au milieu de nos vignobles, nous y gagnerons sur tous les rapports.

Depuis mon arrivée, je ne suis pas resté inactif, sur toute la longueur de la vigne, vous pouvez compter les petits tas que j'ai disposés en forme de fourneau, avec des herbes sèches, de la paille et des petits morceaux de bois, ces fourneaux doivent être distancés les uns des autres de quatre à cinq mètres environ. Si je n'ai fait cette opération que du côté d'où arrive le vent, c'est à dessein, les éléments sont à notre service.

Comme je ne pourrais surveiller à moi seul l'opération que nous allons faire ensemble, *Pierre* ira au bout à droite, vous tiendrez le milieu et moi-même je surveillerai l'autre extrémité. Cette opé-

ration, si simple qu'elle vous paraisse, a son importance au point de vue chimique d'une part, et des
conséquences graves qu'il pourrait en résulter de
l'autre, si nous manquions d'activité et de vigilance.
Autant qu'il m'a été permis par la distance qui nous
sépare de notre voisin, je les ai placés assez loin
de la souche pour ne pas mettre le feu au feuillage
et aux herbes qui pourraient le communiquer à la
vigne. Par précaution, nous voilà munis d'une pelle
et d'un baquet plein d'eau, afin de modérer la flamme;
ce n'est pas la flamme qu'il nous faut, mais bien de
la fumée.

Quand ces petits tas seront presque dévorés par le
feu et que nous aurons un petit brasier, alors nous
y jetterons les matières qui se trouvent dans ces
petites caisses ou paniers, placés de distance en distance ; vous êtes surpris d'y voir de la corne, que
j'ai ramassée devant la boutique du maréchal et de
la résine concassée dont j'avais déjà fait une petite
provision ; c'est dans le but d'obtenir une fumée
épaisse et puante que le vent fera pénétrer sur toutes
les souches du vignoble. Si la vigne avait une plus
grande étendue, nous devrions faire la même opération à la limite où nous verrions que la fumée perd
de sa consistance, mais cela suffit pour celle-ci. Il
sera peut-être nécessaire d'aviver le feu de ces petits
fourneaux, aussi avons-nous gardé en réserve une
poignée d'herbes et de bois.

Maintenant que le soleil a presque séché les petites
perles de rosée, qu'une sereine et bienfaisante nuit
avait déposée sur les feuilles de la vigne, il est temps
de commencer notre opération, car c'est à partir de
cette heure là que le Phylloxera commence à volti-
ger. Ne le croyez pas sans intelligence, *si vous me
passez le mot*, Viticulteurs, il a aussi comme tous
les êtres l'instinct de la conservation, et si la vision

lui fait défaut, lorsqu'il habite le sol, il est sans conteste que le Phylloxera, comme tant d'autres insectes est attiré sur la racine et les feuilles de la vigne par les émanations que cet arbuste répand, et que cet aphidien possède un organe d'olfaction aussi redoutable que le petit instrument dont il perfore les radicelles.

Vous devinez sans peine, Viticulteurs, le but que nous voulons atteindre ; cette fumée, d'une odeur pénétrante, l'importunera si elle est d'une certaine durée, alors il cherchera à se mettre à l'abri. Ainsi, il ira d'une surface de feuille à l'autre et si cet état anormal de l'athmosphère, où il respire, persiste, il s'envolera chez le voisin, s'il n'a pas eu la précaution de faire aussi cette opération, et nous voilà en partie délivrés de sa présence ; l'opération répétée plusieurs fois, d'ici aux vendanges, nous en assure l'efficacité. Mais si les voisins ont fait comme nous, alors il suivra les ceps de la vigne et ira de nouveau déposer les œufs sur la souche elle-même près du sol. Dès-lors, réunis sur un point connu, il nous serait facile de les détruire en grande partie, et pour obtenir ce résultat nous devrions nous hâter de faire l'échaudage des souches pour détruire les œufs d'hiver qui y auraient été déposés, mais cette opération ne peut se faire sans compromettre la récolte, pour ne pas dire qu'elle est presque impossible à cette époque. Nous devons aussi nous rendre compte des grandes dépenses que nécessite l'échaudage de la vigne, opération délicate, qui ne doit être mise en pratique que dans un cas désespéré ; aussi, il nous suffit de traquer pour le moment l'insecte ailé, laissons-lui la liberté de rentrer dans son ancienne demeure, dans quelques mois, nous serons plus heureux pour l'atteindre dans son existence.

Nous avons déjà assez travaillé, allons prendre un

peu de repos et de nourriture. Je vous dirai plus tard que cette opération aura un double avantage et dont vous ne vous doutez pas.

On m'en a tant conté sur ce terrible insecte et de mes oreilles entendu et de mes yeux vu, tant de définitions et de mots étranges, qui n'apprennent rien au Viticulteur, que je réponds à tous ceux qui me parlent de Phylloxera :

« Aux petits des oiseaux Dieu donne la pâture
« Et sa bonté s'étend sur toute la nature. »

Ce 17 août 1876.

III.

Viticulteurs, chacun de nous a sa façon de penser et je vous entends dire tout bas : mais cette question du Phylloxera rentre *par cette citation* dans le domaine de la philosophie. Hé bien, oui ! et ce n'est qu'à ce double point de vue que la question devient complexe. Aussi, je n'hésite pas à le dire, voyez-vous comment on n'a pu encore arriver à nous démontrer si le Phylloxera était cause ou effet de la maladie qui ravage nos vignobles ? Les uns nous disent oui, les autres nous disent non, cependant ce sont tous des hommes versés dans la science et qui croire ? — LA RAISON. Puisque vous vous êtes rendus à mon appel

2

en plus grand nombre, Viticulteurs, je vous parlerai avec cette conviction d'une vérité bien sentie et sans détours.

Pourquoi, Viticulteurs, recherchons-nous les beautés de la nature? — Parce que nous y trouvons tous les jours, à toutes les saisons, des plaisirs nouveaux et cela jusques dans les moindres objets et même les plus invisibles insectes. Aussi, aujourd'hui, je me suis muni d'instruments pour vous faire jouir, par la vue, de ce petit animalcule, de sa beauté et vous prouver la puissance et les desseins impénétrables de celui qui a tout créé. Lorsque vous l'aurez vu de près, ce redoutable puceron, vous y découvrirez, comme moi, mille sujets de surprise et d'étonnement.

Quoique l'expérience des procédés appliqués jusqu'à ce jour nous donne une idée peu flatteuse du mobile qui a dirigé les recherches, elle ne nous autorise pas à mépriser les chercheurs de procédés quels que soient les sentiments qui les aient dirigés. Il est juste de lire leur œuvre et de les entendre même; en les écoutant, chacun à part, serons-nous obligés, peut-être, à prendre des leçons d'un maître plus sûr et qui ne se trouve jamais en contradiction avec lui-même : LA NATURE.

Dites-moi, Viticulteurs, avez-vous dans votre village un homme assez sérieux qui s'amuse à étudier les insectes qui ravagent les récoltes? — On les écrase, me dites-vous? Nos bons jardiniers sont peut-être les seuls qui, par leur vigilance, savent conserver et préserver les plantes des atteintes des milliers d'insectes répandus dans leur jardin, tout en respectant la volonté du Créateur, car chacun a son rôle tracé ici-bas.

Voici le microscope, Viticulteurs, à son foyer, admirez cet insecte qui sera cause de notre ruine dans quelques années. Si la Providence n'a pas jugé indi-

gne d'elle de le créer comme tant d'autres est-il in-
digne de nous de le considérer dans tous les détails et
si nous jugeons par ce que nous y voyons de plus
commun et de plus sensible à notre vue, grâce à cet
instrument, qui augmente son volume, tout en nous
donnant la réalité, combien ce qui demeure caché à
nos yeux et à notre intelligence nous causerait de
surprise s'il nous était dévoilé? Notre raison comme
notre intelligence a aussi une limite, sans cela
l'homme serait un Dieu, tandis qu'il n'en est qu'une
faible image.

N'allez pas vous imaginer, mes amis, que nous allons faire un cours d'entomologie ; mes faibles connaissances en zoologie ont aussi une limite, comme
ma raison; mais j'ai voulu vous faire goûter le plaisir
que j'éprouve moi-même en admirant les proportions
surprenantes de ses organes et de ses membres délicats. Nous n'en finirions pas si nous parlions des variétés de son espèce, de ses inclinations, de ses ru-
ses ; la belle saison n'est pas encore à la veille de
nous quitter, et comme il existe sur les racines des
souches atteintes à deux pas de nos vignobles, nous
pourrons donc le considérer à tous les états de développement depuis l'œuf jusqu'à ce qu'il soit devenu
adulte.

Il vous sera maintenant permis de distinguer le
Phylloxera adulte sans courir le risque de faire comme
Jean qui, sa loupe à la main, pensait avoir trouvé le
Phylloxera, alors qu'il avait découvert tout autre petit
insecte, sans se préoccuper de sa conformation.

Loin de ma pensée, Viticulteurs, de vous contester
le droit de détruire, sans pitié, les animaux de toute
espèce qui en veulent à nos récoltes ; la bonté du
Créateur a tout mis à la disposition de l'homme et si
parfois sa justice nous frappe, sa bonté inépuisable
nous suggère mille moyens d'adoucir les effets de sa
rigueur.

Examinons maintenant quels sont les résultats que nous avons obtenus par notre bien simple opération de ce matin. Cette fumée épaisse, noire et pénétrante a été pour nos souches le véhicule des sels, des huiles et des autres principes dont le mélange nous a coûté si peu. Car une molécule d'air étant spécifiquement moins massive qu'une pareille molécule de fumée, cette dernière ne sera entraînée que par la force du vent à une faible distance; dès lors, tous les principes fertilisants profiteront à la vigne tout en conservant la diversité des saveurs et des odeurs qui doivent repousser, pour le moment, l'insecte ailé dépositaire de l'œuf d'hiver, dont le principe vital doit contribuer à la ruine de nos vignobles. Si cela n'est pas, démontrez-moi le contraire.

Vous ne le savez que trop, Viticulteurs intelligents, ce n'est pas seulement aux désastres causés par le bouleversement de l'atmosphère que la vigne est exposée; le Phylloxera n'est pas le seul insecte avec lequel nous ayons à compter; il en existe encore un assez grand nombre plus ou moins redoutable et dangereux pour son existence sans parler ici des maladies auxquelles la vigne est encore sujette.

Nous constatons dans nos parages que dans l'ordre des lépidoptères la pyrale nous fait de grands ravages et si cette opération très-pratique, ne peut l'atteindre aussi qu'en partie, pendant le repos de la végétation, elle est très-efficace au moment de la floraison alors que l'insecte dévore les fleurs et qu'il enveloppe de ses fils soyeux les grains de la grappe. Le moment venu, les larves et les œufs de la pyrale ne sauraient résister à notre procédé qui sera moins dispendieux pour le propriétaire que le procédé de l'eau bouillante, dont on se sert pour atteindre les œufs dans les anfractuosités de la charpente des ceps.

L'Attelabe et l'Alise dans l'ordre des coléoptères ne

peuvent aussi qu'être contrariés de l'état anormal de
l'atmosphère qu'ils devront respirer, ils ne tarderont
pas à s'envoler des vignes qu'ils auront commencé à
dévorer et ne croiront pas leurs œufs en sûreté sur
les feuilles qu'ils roulent en forme de cigare, et
comme cet insecte n'éclot que dans la dernière quinzaine de juin cette éclosion correspondant à l'époque
de notre opération, l'insecte ne pourra dévorer les
feuilles, car il est démontré aussi que les insectes ai-
lés n'ont jamais séjourné là où a existé la fumée
pendant un certain laps de temps.

Vous me demandez si j'en ai fait l'expérience, que
vous importe ! Avant de vous répondre affirmative-
ment, laissez-moi vous demander si quand vous étiez
sous le commandement de votre courageux général
vous lui observiez s'il avait mis à essai le plan qu'il
vous faisait exécuter pour obtenir la victoire. Le
succès a toujours dépendu de l'entrain, de l'ardeur
et de l'ensemble du mouvement que vous avez exé-
cuté, lorsque vous entendiez le commandement : en
avant ! La confiance que vous aviez dans votre général faisait toute votre force. Moi aussi, je vous crie:
au travail ! Il ne fallait pas s'enrôler sous le dra-
peau de la résistance et si vous ne vouliez pas obéir,
je me verrais obligé, après en avoir démontré l'efficacité, d'y contraindre les récalcitrants, car dans
cette grave question nous sommes tous solidaires, le
salut de la patrie l'exige et le bien-être des populations nous en fait un devoir.

Nous n'arriverons pas à cette extrémité, grâce à
l'accueil bienveillant que vous me témoignez par
votre empressement à assister à cette opération
préparatoire et dont vous vous êtes rendu compte en
grande partie ce matin; je le sais, vous ne demandez
qu'à être éclairés et vous recherchez comme moi un
procédé pratique.

Mais il nous reste encore, Viticulteurs, à démontrer combien nous aurons à profiter de ce procédé pour combattre les effets fâcheux du soufrage fait sans discernement par des enfants ou des femmes.

L'idée d'en tirer un bon parti m'a été inspirée par les plaintes d'un Viticulteur, cette semaine même; il se plaignait amèrement qu'une partie de sa récolte avait été grillée par l'ardeur du soleil.

Nous vous en expliquerons la cause prochainement.

Ce 20 août 1876.

IV.

Le soufrage des vignes est une opération si importante au point de vue de nos intérêts que vous me pardonnerez cette digression, Viticulteurs, elle aura pour nous son utilité, car dans la suite, cette opération sera intimement liée avec la question principale qui nous occupe, la destruction du Phylloxera.

Vous n'ignorez pas la raison qui m'a conduit à vous parler de cette opération, cette digression est d'autant plus excusable qu'elle est courte et soulevée à propos. Est-il vrai que nous pratiquons ordinairement le premier soufrage quand les bourgeons ont atteint une longueur de 12 à 16 centimètres ? Le second a lieu au moment de la floraison et sont rares les Viticulteurs qui ne font pas un troisième soufrage lorsque les raisins ont atteint une certaine grosseur.

Il faut le reconnaître, nous faisons l'opération du soufrage sans nous rendre bien compte de cette opération. Je le fais parce que mon voisin le fait et parce qu'elle est considérée comme le remède souverain contre l'oïdium. En effet, le soufrage de la vigne, fait dans des conditions raisonnées, peut être considéré comme l'unique remède contre ce crypto-game qui a failli être aussi notre ruine.

Vous ne l'ignorez pas, Viticulteurs, nous devons ce grand résultat à la persistance d'hommes aussi profonds que méritants, nous le devons à la conviction qu'ils avaient de l'efficacité de l'emploi du soufre. Ils savaient que le succès dépendait surtout des conditions dans lesquelles cette matière serait employée ; ce n'est pas sans avoir raisonné le procédé, croyez-le, qu'ils en ont usé, avec une persistance qui a couronné leurs efforts. Cependant en général les Viticulteurs en avaient combattu l'adoption, il y a peu d'années, car ce n'est que bien difficilement que nous sortons de l'ornière de la routine, nous ressemblons un peu à St-Thomas, il nous faut voir pour croire.

Nous avons encore présent à l'esprit le désespoir général qui s'empara des Viticulteurs et des pauvres ouvriers quand ils se virent privés de cette ressource. Vos craintes sont aujourd'hui encore bien légitimes.

Si nous voulons faire le soufrage dans de bonnes conditions afin qu'il produise l'effet que nous en attendons, il nous faut connaître la matière que nous allons employer, dès lors, nous ne pouvons qu'obtenir de bons résultats sans compromettre en partie la récolte que nous sommes en droit d'espérer comme récompense de nos travaux.

Le soufre est une substance solide dont nous sau-

poudrons nos vignes après l'avoir réduit en poudre
fine, elle est très-efficace pour faire disparaître les
maladies cutanées. Nous ne devons pas ignorer que,
sous l'action de la chaleur, il s'unit à l'hydrogène
pour former le gaz hépatique ou gaz hydrogène sul-
furé dont l'odeur est si active et si repoussante. Il
est constant que les personnes qui manipulent cette
matière où qui vivent habituellement dans un air
chargé d'exhalaisons sulfureuses ne contractent
jamais de maladies de la peau.

Or, cette moisissure, cette matière blanche qui
apparaît tantôt sur les bourgeons et le bois ou sur
les feuilles, se montre parfois avec la floraison, d'au-
trefois elle ne paraît que lorsque le fruit approche de
sa maturité et quelle que soit l'époque de son appa-
rition, les résultats sont les mêmes : la récolte est
gravement compromise alors qu'elle n'est pas entièrement perdue ; cette maladie, qui sous l'influence
de la chaleur et de l'humidité se développe d'une
manière étrange, c'est-à-dire à l'infini et qui fait des
ravages incalculables, en peu de temps, tellement
elle est contagieuse, n'est autre chose qu'une maladie
de la peau. Ce cryptogame implante ses racines sur la
pellicule des raisins qui, privés ainsi de l'influence de
l'air, ne tardent pas à dépérir sous cette funeste
étreinte et lorsque ce maudit champignon a pris
un certain développement et qu'il a la force d'ouvrir
le grain pour y pomper le suc nourricier des fruits,
dès lors, il ne tarde pas à se dessécher et à mourir.

Il est donc important, Viticulteurs, de porter notre
plus grande attention à cette opération et de ne la
confier qu'à des personnes raisonnables et voire
même intelligentes, pour utiliser autant que possible
cette matière dans une mesure qui ne soit pas pré-
judiciable à nos intérêts, non seulement, pour les
déboursés que nécessite l'achat du soufre, mais en

vue encore de ne pas compromettre la récolte par une opération faite sans discernement.

Bien souvent nous accusons la Providence de tout ce qui nous arrive de fâcheux pour nos récoltes et souvent nous en sommes nous-mêmes l'unique cause. Si le soufrage est une opération qui nous met à l'abri d'un désastre, il faut que les aspersions avec cette matière soient faites avec discernement, car le soufre contient aussi de la chaleur, puisqu'il y a du feu. Vous n'ignorez pas, Viticulteurs, qu'il est composé d'huile et de sel acide vitriolique ? Si donc l'huile est composée de feu, d'air, d'eau, de sel et d'une matière inconnue, pour moi, qui lie le tout, le vitriol étant composé de parties salines et de parties métalliques, vous savez quels sont les funestes effets de cet agent. Or, si vous jetez sur la vigne une trop forte dose de soufre vous ne pouvez que compromettre son existence, car la chaleur qui nous est distribuée par le soleil est bien suffisante pour faire arriver le fruit à sa maturité à l'époque voulue; aussi, quant à la suite du soufrage arrivent des journées d'une chaleur excessive, nous ne tardons pas à avoir nos raisins grillés. Je vous le demande : est-ce la faute de la Providence ou du soleil ? Faisons notre *mea culpa*, Viticulteurs, parce que nous avons manqué de prévoyance en ne surveillant pas de près l'opération du soufrage et que, d'autre part, en passant, nous n'avons pas voulu prendre la peine de courber sur le fruit une pousse à bois recouverte de larges feuilles placée à dessein par la Providence pour faire ombrage au fruit. Voilà comment, bien souvent, une négligence nous fait perdre le fruit rémunérateur de notre pénible labeur.

Selon les savants cette maladie n'est pas nouvelle, nous en trouvons les traces dans les temps les plus reculés. La culture de la vigne remonte avant la conquête de notre pays par les Romains qui ont laissé dans nos parages tant de traces de leurs grandioses conceptions ; la vigne avait pris une telle extension qu'un prêteur romain, Donatien, craignant une disette se détermina à convertir en terres à blé la moitié des vignobles. *C'était prudent de sa part.* On rapporte aussi que l'empereur Probus aurait fait arracher en 276 toutes les vignes des Gaules, afin de mettre un terme à la maladie.

Quoiqu'il en soit de ce qui a eu lieu dans ces temps reculés, il est vrai que la vigne a été de tout temps sujette à des maladies qui ont eu le caractère de véritables épidémies qu'on ne pouvait conjurer à cette époque, faute d'avoir les moyens d'appréciation.

Toutes ces maladies sont aussi anciennes sans doute que la vigne elle-même et le Phylloxera vastatrix existe depuis que tout a été créé. J'ignore s'il nous est venu d'Amérique avec les cépages tant préconisés ou du Pérou avec les engrais qui devaient agir d'une manière si merveilleuse, ou s'il est cause ou effet de la maladie qui nous occupe. Si je veux chercher l'origine dans une cause physique qui ait pu le produire, je me plonge dans les ténèbres les plus épaisses, nous devons trouver tous les animaux et toutes les plantes d'une forme déterminée et toujours la même, la Providence voulant ainsi nous faire voir ici-bas une grande diversité de corps organisés. Doutez-vous, Viticulteurs, que dans sa sagesse sa main créatrice n'en ait pas borné le nombre ? Nulle action et nul concours ne sauraient ajouter un nouveau genre de plante ou d'animal à ceux dont elle a peuplé la terre des *germes* et déterminé la forme. Mais si notre raison attache l'origine des uns et des autres à un dessein, nous comprendrons, sans effort, qu'elle les destinait à servir dans la durée des temps et qu'ainsi elle nous a rendu des services favorables par l'impossibilité d'y ajouter ni de les détruire entièrement. Cette pensée, Viticulteurs, n'a rien qui puisse blesser votre croyance et me déshonorer ! J'y trouve l'évidence même d'une puissance qui est invariablement obéie, d'une sagesse qui a tout prévu et d'une bonté pour nous qu'elle a préparé par cette sage distribution des services aussi variés qu'infaillibles.

Hâtons-nous, Viticulteurs, de descendre de ces hautes sphères, si nous montions un peu plus haut, nous ne pourrions soutenir la vue de la majesté de celui qui nous dit : *Votre intelligence n'est qu'un souffle de ma puissance !*

Or donc, l'opération du soufrage a une grande importance pour nos vignobles. Avez-vous remarqué que certains propriétaires ne font jamais cette opération aux souches des vignes qui longent les routes, par la raison que les cryptogames ne pouvant se développer que par l'influence de la chaleur ou de l'humidité, cette dernière étant absorbée, dit-on, par la poussière, les ravages en seraient arrêtés et bien amoindris. Il me semble que cette manière de voir est par trop absolue, car il faut admettre que dans cette poussière il existe une certaine quantité de soufre et de fer ce qui nous oblige à conclure que nous devons employer cette matière avec un certain ménagement. Après le premier soufrage dont la vigne a peu à souffrir à cette époque, malgré une forte aspersion dont les effets sont tempérés par la fraîcheur des nuits et une douce chaleur pendant le jour, il est prudent pour obtenir de bons résultats de saupoudrer, au dernier soufrage les souches avec un mélange de cette poussière des routes ou bien des platras bien pilés et tamisés, afin d'éviter ce durcissement de la pellicule du grain du raisin que nous voyons d'une couleur noirâtre, alors qu'il a été grillé, par le soufre, au contact des ardeurs du soleil ; cette

callosité en arrête le développement, notre récolte
est dès lors en grande partie compromise. Aussi, je
ne saurais assez vous recommander cette opération
de fumigation aux époques indiquées ; elle remplacera
avantageusement les derniers soufrages par les va-
peurs qui s'en dégageront, sous l'influence de la
chaleur du soleil, les sels qui s'en détacheront seront
bien plus efficaces, sans avoir les inconvénients du
soufre employé trop fréquemment, double avantage :
économie de temps et d'argent.

Allons courage, Viticulteurs, l'époque des vendanges
arrive à grands pas, il me tarde autant qu'à vous
qu'elles soient terminées ; pendant le temps que vous
mettez tout en ordre dans le cellier, l'époque de la
maturité du raisin arrivera ; ne soyons pas trop pres-
sés et attendons que la maturité soit complète ; que
le raisin ne soit pas acide. En vous disant : *ni trop
tôt, ni trop tard*, c'est vous dire de faire la cueillette,
alors que les raisins ne peuvent plus profiter sur le
cep. Votre vin sera bon ou mauvais suivant l'art avec
lequel vous le fabriquerez, vous ne sauriez y apporter trop de soin et qu'il ne vous tarde pas d'avoir
surtout bientôt fini ! Malheureusement on a préféré
la quantité à la qualité aussi serons-nous plus d'un
dans l'embarras. Certes, nous avons la quantité, mais
nous l'avons encore en cave ce qui nous fait soupirer
souvent. C'est là un avertissement sévère. Je ne puis
encore dire si nous en profiterons, en attendant,
voyons s'il nous est permis de faire connaître les
conditions auxquelles nous avons obtenu la quantité.

Ce 3 septembre 1876.

V.

Viticulteurs, vous vous faites ordinairement ce raisonnement : « Plus 'ma vigne sera pourvue d'engrais, plus elle sera travaillée, plus elle me donnera de produits. » Le vigneron intelligent sait que la terre ne s'épuise pas dans de telles conditions et qu'elle n'est pas ingrate non plus. Mais si ces vérités sont évidentes pour toute intelligence qui raisonne, il faut cependant faire ces opérations dans une limite déterminée et en rapport avec les semences qui sont confiéés à la terre et encore à la nature des plantes qu'on cultive.

A la suite d'une forte fumure et de travaux nombreux, nous obtenons une végétation exubérante de nos vignobles et nous pensons avoir bien servi *nos intérêts*, en obtenant, *momentanément,* une plus abondante récolte de raisins. Mais à quel prix avons-nous obtenu la quantité, s'il vous plaît, Viticulteurs ? — Aux dépens de la qualité et de la santé de la vigne, car elle puise plus dans l'atmosphère que dans le sein de la terre, et je vous prie de remarquer que, des hommes savants sont à la veille de nous démontrer, en voulant guérir la vigne de l'insecte dévastateur, qu'il faut à son existence l'air et l'espace et qu'elle ne peut désormais vivre, vu l'extension qu'on donne à sa culture ; dans les conditions actuelles, où elle vit, la vigne ne peut respirer tous les éléments nécessaires, non-seulement à son existence, mais encore pour nous donner une bonne qualité de vin.

D'autre part, n'avons-nous pas remplacé nos bons cépages par des vignes qui nous donnent une récolte plus abondante? Poussés par l'intérêt, nous planterons l'aramon pour avoir encore la quantité ; le vin sera peut-être un des plus mauvais, n'ayant presque pas de couleur ni de goût, aussi, quand les chaleurs arrivent ou qu'il est obligé de voyager, nous voilà exposés à de grandes déceptions et la plus grande partie de nos récoltes est condamnée à aller rejoindre le vin du terret-bourret à la chaudière du distillateur, si nous ne le vendons pas à vil prix : qu'importe, il nous faut la quantité !

Quand, en 1848, l'*oïdium* s'abbatit sur nos vignobles, les Viticulteurs qui eurent de l'aramon et du terret-bourret en tirèrent un bon parti, pendant quelques années, grâce au caractère distinctif de ces cépages ; leur grande fertilité semble braver la gelée, ces variétés résistent en partie aux maladies ordinaires dont les autres cépages sont parfois atteints.

Les vignes étaient pour ces Viticulteurs une véritable Californie ; la quantité à cette époque nous servait bien, c'est-à-dire, que nous vendions l'eau à prix d'or. Les temps ont bien changé depuis. On a planté et on plante encore. Nous sommes dans la nécessité de nous demander : qu'elle est la cause de l'avilissement du prix du vin? Examinez la quantité et la qualité et vous aurez la solution du problème. N'allez pas la chercher dans les commotions commerciales, dans cette lourde atmosphère qui pèse sur les transactions! Nous avons la quantité et pour simuler la qualité, nous avons recours, ou du moins on a recours, à des moyens peu avouables, *la fraude*, pour obtenir un semblant de qualité. Nous n'avons plus le sentiment du bon et du beau, il nous faut la quantité.

Si nous savons reconnaître que planter des vignes, qui nous donnent des grappes belles, bien garnies et pleines de ce jus qui éveille notre esprit et nous donne la santé, nous aurons alors servi nos intérêts. — Nous les trouverons toujours dans la qualité.

La question de destruction du Phylloxera que nous allons traiter ensemble est de la plus haute importance, il n'y a que la volonté qui puisse nous donner le courage d'opposer une barrière à la marche fort étrange de cet insecte dévastateur et renouveler, en même temps, les vignobles qu'il a détruits.

Laissez-moi encore, Viticulteurs, vous faire entrevoir les graves conséquences qui pourraient en résulter, si, par notre indifférence, nous laissions un passage ouvert à cet ennemi dangereux. On l'a dit avec beaucoup de raison : « le véritable phylloxera de la vigne, le vrai phylloxera de l'homme !... C'est l'homme !... » Oui, l'ignorance est le Phylloxera de la société et de nos vignobles, et, si je partage cette pensée d'un Viticulteur aussi savant qu'expérimenté, je ne puis admettre, comme lui, que les *cépages américains* auront le privilége de remplacer nos cépages. Disons en passant que ce terrible aphidien n'est peut-être pas si coupable que nous le supposons. Qu'a-t-il comme nourriture, dans nos vignobles, si ce n'est les radicelles et les feuilles de la vigne ? Nous ignorons si la récolte atteindra encore le chiffre d'hectolitres qui a procuré le bien-être des populations en remplissant les caisses de l'Etat. Je parle par conséquent de toute la France, parce que nous sommes tous solidaires dans cette grave et importante question qui est pour le pays une question de vie ou de mort.

N'est-ce pas, Viticulteurs, que le vin est un des plus grands éléments d'échange ? Combien de bras

n'occupe-t-il pas? Si cette grande artère de notre industrie ne fonctionne plus, que va devenir le bien-
être de nos familles? Voyez d'un coup-d'œil profond
et scrutateur que de misères nous aurons à soulager
et où trouver les ressources nécessaires pour remplacer les éléments de travail que la vigne nous procure.
N'est-il pas aussi le moteur de cette grande machine que
les étrangers admirent chez nous et que nous appelons
administration. Le moteur brisé, les divers rouages
ne pourront que rester immobiles faute d'aliments.
N'est-ce pas le vin qui fait la richesse de nos budgets
pour satisfaire à toutes les dépenses qu'il nous serait
très-difficile de vous énumérer en ce moment. Si je
me suis permis ces détails, c'est que je vous dois la
vérité en tout et je vous en conjure, si grand que
soit le mal et si redoutable que soit le puceron dévastateur ne soyons pas découragés, ne restons pas inac-
tifs et les bras croisés, faisons l'expérience de notre
procédé sur une large échelle ; il nous sera d'autant
plus facile qu'il ne nous faudra pas beaucoup d'argent ; à chaque jour sa peine, mais je ne vous le
cache pas, il nous faut de la constance et du travail en rapport avec le mal. Les recherches ont été
uniquement confiées jusqu'ici aux hommes savants:
« Expérience passe science. » Et la pratique de tous
les jours nous démontre qu'il faut franchir ce cercle
étroit où l'on a tourné sans cesse sans pouvoir en
sortir.

Nous allons donc commencer par indiquer les opérations que nous croyons utiles de faire et que nous
pourrions, au besoin, garantir jusqu'à un certain
point, afin d'arrêter la marche du Phylloxera dans
nos vignobles ; chaque indication devra avoir sa dé-
monstration, tant au point de vue chimique qu'agricole, c'est là, la marche à suivre, pour obtenir les
résultats que nous voulons atteindre ; à moi donc,

Viticulteurs, la tâche d'indiquer et de démontrer et à vous celle d'en faire l'application et l'expérience, en vue de servir vos intérêts personnels et ceux du pays.

—○◇○—

Ce 17 septembre 1876.

VI.

Vainement j'ai demandé à la science qu'elle était la cause de ces excroissances qui se développent sur les radicelles et qu'on appelle *nodosités*. Vainement comme vous, Viticulteurs, j'ai demandé encore quelle substance renferme ces nombreux renflements et puisque plusieurs savants nous disent que le Phylloxera vastatrix est cause ou effet de la maladie, nous attendons impatiemment qu'on nous dise aussi quel est ce liquide que l'insecte dévastateur, à l'aide de son suçoir, inocule dans les radicelles de la vigne. Liquide extraordinaire pour que sous l'effet de la piqûre, il puisse donner la mort à nos vignobles.

Si les blessures faites par l'insecte sont mortelles, nos vignes sont donc empoisonnées? Mais tout poison a son antidote; qu'on nous dise donc bien vite qu'elle est la nature de ce poison. Les radicelles tombent en pourriture, voilà ce que nous sommes malheureusement obligés de constater.

Nous attendrons probablement la réponse aussi

3

longtemps que celle des marchands de cépages américains, avant que ces derniers puissent encore nous
dire ce qui caractérise dans ces cépages exotiques
leur résistance à l'insecte insaisissable.

Je n'ai pas la prétention, Viticulteurs, de me poser
en docte pédagogue, je sais que je suis peut-être au
dernier échelon, mais il n'y en a pas de mieux in-
tentionné que moi et qui soit plus affligé que moi
des résultats obtenus ? Nous ne saurions fuir la dis-
cussion, au contraire, nous la provoquerons jusqu'à ce
qu'on nous parle raison. Si nous avions le temps aujourd'hui nous pourrions apprécier le nombre infini
des procédés connus et inventés ; au point de vue pratique, ce serait nous convaincre que la raison n'est
pas toujours avec eux, et faisant, nous aussi, le voyage
d'Amérique, nous pourrions, étant sur les lieux, nous
rendre compte, en grande partie, de la cause de la
résistance de ces cépages qui sont pour certains le
nec plus ultra de la vigne.

Laissons donc, Viticulteurs, discuter les hommes à
découverte de procédés violents ; mettons, s'il nous
est possible, un terme à toutes ces polémiques et dis-
cussions stériles en repoussant l'insecte dévastateur
et guérissons ainsi nos vignobles de cette maladie
latente qui nous assure notre ruine.

Nous nous trompons étrangement si en inventant
des systèmes et des agents qui ne visent que la destruction (c'est la monomanie des intelligences de ce
siècle, ce qui prouve notre décadence), nous pensons
obtenir de bons résultats. Je vous le dis et vous l'af-
firme sans réserve : on n'enfreint jamais les lois de
la nature sans en être puni.

Bien souvent pensant servir notre égoïsme insatia-
ble nous avons trompé la nature en faisant entrer
comme par *contrebande* des engrais et des travaux
dans nos vignobles ; ces éléments à forte dose ne

peuvent qu'être suivis d'une réplétion continuelle des vaisseaux qui, troublant l'équilibre naturel de la sève, nuira nécessairement à la santé et à la vie de nos vignes. Les plantes ayant aussi, comme nous, reçu de la Providence un organisme *ad hoc*, chacune d'elles ne doit recevoir qu'une quantité de nourriture proportionnée à sa taille et cette capacité étant en rapport avec l'organisme dont elles ont été douées et qui doit perpétuer leur existence jusqu'à la limite que leur a assignée le Créateur.

Je n'ai pas besoin de vous le dire, Viticulteurs, vous le voyez mieux que moi ; nos vignes sont bien malades et la situation de nos vignobles n'est pas rassurante pour notre pays. Mais à ce malade, digne de toute notre sollicitude ne lui donnons pas un remède pire que le mal qui l'étreint ; prenons nos précautions avec les agents violents, qu'on nous indique. Pour ma part, je les repousse de toutes mes forces, parce que là où est encore l'espoir de la vie, nous apportons la mort. Usons plutôt d'un moyen plus pratique et plus raisonné.

Or, nous savons l'endroit où réside le mal, apportons-y le remède sûrement, mais progressivement. Vous n'ignorez pas non plus que c'est par l'extrémité des radicelles que la vigne puise dans le sol une partie des éléments qui doivent la nourrir ; nous savons aussi que si la vigne est privée des suçoirs qui sont comme autant d'organes pour s'assimiler les sucs nourriciers elle ne pourra que mourir de faim ; ayons donc recours à l'hygiène. Appliquons-nous à observer et à connaître les effets qui résultent de l'action des agents naturels sur les ceps de la vigne et à leur conserver leur action normale.

Je vous ai démontré comment au moyen de fumigations faites en temps opportun et avec les matières indiquées nous pourrions paralyser la propagation de

l'insecte sur le sol et dans l'atmosphère ; voyons maintenant d'user du moyen pour l'atteindre sur les radicelles s'il persiste à y résider ou mieux de le repousser et de l'empêcher de les attaquer mortellement.

Mon procédé repose sur trois opérations liées intimement entre elles au double point de vue chimique
et agricole : 1º Opération de la taille de la vigne ;
2º Opération agricole en vue de débarasser les vignes
de tous les insectes dévastateurs ; 3º Enfin, emploi
d'une matière soluble dans l'eau, contenant un principe astringent qui, combiné avec d'autres matières,
devra repousser le Phylloxera vastatrix et mettre les
radicelles de la vigne dans des conditions de résistance
analogue à celle des cépages américains. Vous vous
rappelez, Viticulteurs, que je vous ai dit que la nature
les avait mis presque tous sous votre main ; oui, la
Providence a placé le remède à côté du mal, maintenant ouvrez les yeux et les oreilles.

Ce 8 octobre 1876.

VII

1ʳᵉ Opération.

TAILLE DE LA VIGNE.

La taille de la vigne est peut-être, pour l'homme
observateur attentif, l'opération la plus importante
qu'exige la culture de cette plante. Avant de vous
dire l'époque à laquelle nous devons tailler la vigne

et les raisons qui nous obligent à le faire en vue de conserver la santé à nos vignobles et de formuler mon avis au sujet de cette importante opération, je crois pouvoir me permettre une observation qui vous paraîtra fondée.

Nous cherchons en cultivant la vigne quantité et qualité ; il n'en est pas *un* d'entre vous qui ne sache quelle quantité peut lui rendre sa vigne pour qu'elle lui donne aussi qualité. Mais s'il vous est possible d'augmenter le produit de vos vignobles, au moyen de travaux et de fumures, vous savez aussi qu'en dépassant une production moyenne, variant selon la nature du terrain où se trouve planté la vigne, vos vignobles seront bientôt ruinés et dès lors vous n'obtiendrez que des produits inférieurs. Je crois frapper juste en disant : que le Viticulteur compte toujours sur le renchérissement des vins pour compenser la perte qu'il pourra subir dans un temps plus ou moins éloigné.

Il est urgent, Viticulteurs, pour nous rendre bien raison des soins que nous allons donner à la vigne en vue de la maladie qui l'étouffe, d'étudier à grands traits la végétation naturelle de cet arbuste. Il possède la faculté de produire de nouvelles pousses sur le collet de ses racines, pouvant ainsi rajeunir le bois de sa charpente quand elle est épuisée ; vous avez déjà remarqué que son mode de végétation dépend de la culture qu'on lui donne dans les terrains et les climats qui doivent favoriser plus ou moins sa fertilité.

La vigne est un faible arbrisseau sans tige et sans appui ; soutenue, elle se développe bientôt en une tige vigoureuse et élancée. Ce sont ces deux manières de vivre qui doivent être notre guide dans la taille que nous pratiquerons.

La taille doit avoir de la proportion avec la qualité du bois et du terrain qui le nourrit. — On taille indistinctement tous les cépages dans les mêmes conditions pour chaque contrée où la vigne est cultivée. Cependant si la terre est maigre le bois ne peut qu'être faible, alors on ne doit laisser que peu de boutons sur le bois de l'année pour que la sève, ne travaillant que sur ce petit nombre de bourgeons, puisse en retirer des jets un peu consistants ; au contraire, si la terre est forte et fertile, le cep ne peut qu'être fort et vigoureux, on doit alors laisser sur le cep à fruit plus de boutons afin d'affaiblir l'action de la sève ; par cette sage distribution, on empêche que la sève ne produise trop de nouveau bois.

Aujourd'hui, on est un peu revenu de ce vieux préjugé qu'avaient les vignerons de ne tailler la vigne qu'au printemps. Les soins nombreux dont on entoure la vigne et la crainte qu'on a de n'avoir pas fini avant le réveil de la nature sont sans doute la cause de cette taille un peu plus précoce. Il est très-important, dans l'état où se trouve aujourd'hui la vigne de la tailler dès qu'on aura fait la cueillette de la récolte. Il m'a été permis dans mes excursions de constater que dans le mois de mars il y avait encore bien des vignes qui n'étaient pas taillées ; il m'est souvent arrivé de trouver des traces de mains inhabiles qui avaient manié le sécateur. Cependant on ne saurait assez surveiller cette opération qui nous assure la récolte.

L'inconvénient qui résulte de cette taille tardive c'est que la sève qui travaille dès le mois de mars grossit d'abord suivant les règles invariables qui lui ont été tracées par la nature, les boutons des extrémités, qui sont justement ceux qui seront retranchés. Il est tout naturel que trouvant l'extrémité de ces conduits ouverte par la taille récente, la sève s'échappe, s'écoule en pleurs, jusqu'à l'époque où la chaleur du soleil la dessèche et en arrête la perte en cicatrisant la plaie. Nous éviterons cet inconvénient en faisant la taille de la vigne dès que nous aurons fini les vendanges ; à cette époque elle nous sera un auxiliaire puissant dans le traitement que nous allons faire pour combattre le Phylloxera vastatrix; *cette taille hâtive* de la vigne aura encore pour conséquence l'avantage que nous aurons de faire en temps convenable tous les travaux et donner un simple labour au retour de la végétation.

Votre étonnement ne me surprend pas, Viticulteurs, vous vous demandez le pourquoi de cette opération si hâtive. En voici la raison : quand vous avez fait la vendange et que le fruit a été cueilli à sa *parfaite maturité*, pour avoir un vin excellent, la vigne a rempli le rôle qui lui était assigné et l'inaction lui est nécessaire, attendu que la sève ne tarde pas à redescendre dans les racines et les radicelles pour aller puiser encore dans la terre les éléments qui lui sont utiles pour nous donner de nouveau une récolte abondante si, par notre prévoyance, nous lui en avons préparé les moyens.

La vigne, comme toutes les plantes, vit des sucs qu'elle reçoit sous terre par ses racines et par son chevelu et encore des influences de l'air qu'elle respire par ses larges feuilles. La sève qui se trouve dans le corps de sa charpente et dans les radicelles suffit à son existence pendant l'époque de son sommeil. Or, si en vue d'obtenir une abondante récolte nous avons forcé son tempérament et que par de larges fumures et des façons réitérées nous ayons obtenu une luxuriante végétation, il est évident que les éléments nutritifs qui ont été mis en terre par nos soins ne sont pas entièrement absorbés et continuent encore pendant un certain temps toutes leurs actions fertilisantes ; la grande quantité de sève qui

redescend dans les racines de cette riche végétation
que nous avons obtenue, ne peut qu'être nuisible à
la santé de la vigne ; de là provient en partie le peu
de résistance du chevelu qui est si sensible à la piqûre du terrible aphidien ; la sève qui s'écoule par
les ouvertures faites par l'insecte, ces épanchements
constituent les nodosités qui ne tardent pas à devenir
des boutons purulents; les radicelles de l'arbuste se
décomposent et tombent en pourriture, privées qu'elles sont de la sève qui, en revenant au chevelu de-
vait leur apporter, par sa circulation naturelle tous
les éléments nécessaires à leur existence, dès lors
privées de ces organes essentiels, nos vignes ne
tardent pas à jaunir et meurent d'inanition.

Je ne sais si vous partagerez mon opinion, mais la
suite nous démontrera, de la manière la plus évi-
dente, que si l'insecte dévastateur est coupable, il ne
doit pas du moins supporter toute la responsabilité
de la mort de nos vignobles ; nous ferons cette dé-
monstration quand nous parlerons des cépages américains.

Autant qu'il nous sera possible, Viticulteurs, donnons de l'air à nos vignobles et ne perdons pas de
vue que pour obtenir une maturité parfaite et régu-
lière, il est indispensable que la grappe reçoive directement les rayons solaires et de plus les rayons
réfléchis par le sol ; la taille doit être un peu plus
longue par la raison que la couche d'air échauffée
par la réflexion des rayons solaires est très-intense
dans le Midi ; d'après les calculs faits, elle atteint
une épaisseur d'un mètre et plus à partir du sol ;
ces données doivent nous conduire pour tailler la
vigne à la hauteur nécessaire pour mettre les grappes dans des conditions exactes pour mûrir sûrement
à *l'époque voulue* et mettre nos vignobles à l'abri des
innondations si fréquentes dans nos contrées ; nous

éviterons par là en grande partie, la pourriture du raisin et le goût de terroir qu'il contracte, alors qu'il séjourne sur le sol.

Passons maintenant à la seconde opération qui est aussi indispensable, elle ne sera pas moins importante pour le traitement que nous allons appliquer à nos vignes.

Ce 15 octobre 1876.

VIII

2ᵐᵉ Opération

L'ÉCOBUAGE APPLIQUÉ A LA VIGNE

Le malheureux esprit de routine sera encore pour quelque temps contraire au progrès de la viticulture, comme aux autres branches de l'agriculture en général ; nous n'appliquons que difficilement toute innovation, parce que nous sommes encore trop ignorants. Nous repoussons d'abord toutes les améliorations, même celles qui nous sont le plus profitables, celles que la raison nous indique et si nous consentons parfois à nous laisser convaincre, ce ne sera que par l'attrait des résultats surprenants qu'on nous promet à bref délai ; et, le plus souvent, ce ne sont que d'amères déceptions qu'il nous faut subir.

Notre bon villageois qui est atteint par l'insecte

dévastateur voudrait un procédé expéditif sans trop de labeur ni bourse délier. Le croiriez-vous, Viticulteurs, vous dont l'intelligence m'encourage et me soutient, je me suis permis de lui indiquer la chimie comme susceptible d'ouvrir une large voie à nos intelligentes combinaisons, produisant des résultats susceptibles de nous étonner, par la richesse des éléments que la nature nous tient encore cachés.

Appliquons-nous donc à connaître et à écouter la nature : elle a des puissances infinies que nous pouvons faire servir à notre profit.

La deuxième opération que nous allons faire consiste à brûler la terre ; l'écobuage a pour but de débarrasser nos vignobles des mauvaises herbes, de toutes les racines inutiles et de tous les petits insectes qui se trouvent cachés ordinairement à une profondeur de cinq à huit centimètres dans le sol ou bien sur les herbes parasites ; il ameublit le sol et en change parfois la nature.

Cette opération consiste dans l'enlèvement d'une épaisseur de terre avec les gazons et les mauvaises herbes, dans des conditions déjà déterminées, sans secouer les racines ; on laisse sécher ces mottes et quelques jours après on les brûle. Le résultat que nous en obtiendrons sera de débarrasser le collet de la charpente de nos souches des insectes qui se cachent dans les vides de l'écorce, de leurs œufs et de leurs larves, en éloignant, par l'odeur particulière la multiplication ou les ravages de tous ces êtres nuisibles et insaisissables. La chaleur des cendres que nous aurons obtenues, répandues en temps convenable au pied de la souche sera un auxiliaire des plus puissants de destruction. L'écobuage modifiera non-seulement d'une manière favorable la disposition moléculaire et les propriétés physiques du sol, mais il doit encore, tout en portant sa part de puissance fertilisante, comme engrais, corriger les substances employées avec trop d'abondance depuis quelques années ; il doit désormais suppléer pendant une *période déterminée* tout fumage de nos vignes et, en partie, les labours dans la pratique.

Amender, fumer et labourer voilà les trois pivots sur lesquels repose toute bonne culture ; avec ces trois conditions tout cultivateur ou viticulteur peut certainement obtenir des résultats rémunérateurs et réussir selon toutes ses espérances ; mais il ne saurait en abuser, car toute chose a *son mais*, et faut-il encore ne point négliger les opérations de détail, si nous ne voulons pas être déçus dans nos espérances. Avouons-le, Viticulteurs, nous avons abusé des engrais et des labours dans nos vignobles, nous avons gravement compromis la santé de la vigne, alors que nous ne l'avons pas tuée.

L'objection que vous me faites semble tout d'abord fondée. — Vous dites qu'on ne procède ainsi que sur les terres qui ont été depuis plus ou moins longtemps cultivées en fourrages artificiels vivaces, les vieilles prairies, les pâtures et les marais nouvellement desséchés ? Vos vignes sont dans un tel état de propreté qu'il est impossible de trouver une motte d'herbe dans vos vignobles ? Je ne me souviens plus du nom de cet homme aussi savant que profond qui n'hésitait pas à dire : « que le mot impossible était une grande imprudence en dehors des *sciences exactes.*

Pour ma part, j'ai vu beaucoup de vignes qui laissent à désirer au point de vue de l'hygiène. Les cultures superficielles devront donc entretenir la propreté dans les terrains où il nous sera permis d'en faire l'application et nous aurons recours à l'écobuage pour obtenir presque les mêmes résultats dans les terrains qui en seront susceptibles.

Puisque nous sommes dans votre vigne *Pierre*, vous qui faites cette objection, commençons par enlever avec la bêche ou écobue les gazons et les mauvaises herbes qui entourent votre vigne et celles surtout qui croissent, suivant leur volonté, dans les fossés tout le long du chemin à une épaisseur de cinq à huit centimètres. Quand ces dernières se seront un peu desséchées nous les transporterons dans la vigne, disposant sur le sol de distance en distance de petits fagots de sarments que nous a déjà donné la taille *hâtive* de la vigne, et, s'il nous est possible, nous y mêlerons en partie des branches de sapin ou de tout autre arbre résineux. Avec le rateau ramenons sur ces petits tas de bois, les herbes longues que nous avons déjà arrachées et que votre négligence avait laissé croître par ci par là et formons avec ces espèces de lanières que nous avons transportées des bords et des fossés, de nouveaux fourneaux ; à mesure que le feu prendra de la force, nous augmenterons le tas qui brûle déjà, en y ajoutant, sans cesse, de la terre, prise autour de la souche, ce qui rendra l'opération du brûlage plus lente et dès lors plus profitable. Je vous engagerai même si vous aviez de vieux chiffons ou de vieux cordages à en alimenter ces fourneaux.

Vous me demandez pourquoi je prends de préférence la terre qui est autour de la souche et non pas celle de l'endroit où est placé le fourneau. La raison en est bien simple : c'est pour utiliser le soufre qui est tombé lors de l'opération du soufrage. Ici, je n'entre pas dans des détails vous trouverez mes explications dans l'indicateur du viticulteur qui paraîtra sous peu (1).

Quand tout aura été entièrement brûlé, une ac-

(1) Voir la 2e partie intitulée : *Les Cépages américains et le Viticulteur*.

tive vigilance est encore nécessaire, il faut bien se garder de laisser refroidir les tas de cendres obtenues; immédiatement on répand avec la pelle le résidu encore chaud au pied de la souche pour combler les petits creux que nous y avons fait à une profondeur de 10 centimètres à 20 centimètres environ en ayant soin de laisser tomber sur la charpente de la souche une partie de ce résidu.

Les résultats de cette seconde opération auront pour effet d'atteindre les Phylloxeras qui ne sont pas encore descendus aux radicelles et de détruire, en même temps, les œufs d'hiver ; les œufs et les larves des autres insectes dévastateurs subiront, n'en doutez pas, le même sort. Quand vous vous serez rendu compte de l'opération que vous venez de faire autour de vos vignes et le long des fossés, vous aurez la conviction de vous être débarrassés en grande partie, de ces redoutables ennemis, car c'est là le repaire des insectes nuisibles et la demeure toujours habitée par les limaces et les escargots. Votre vigne sera dès lors dans un état remarquable de propreté.

J'avoue très-volontiers, Viticulteurs, qu'il y a plus de travail à toutes ces opérations que dans la méthode négligée qu'on suit ordinairement, mais aussi l'avantage est proportionné et dédommagé amplement ; ne l'ignorez pas, de la distribution du temps et du travail dépend surtout le bon emploi de nos finances.

Comme vous pourriez encore me faire une autre objection, je prends le devant.— Vous dites qu'il sera très-difficile d'établir les fourneaux d'une manière uniforme et sans s'exposer peut-être à communiquer le feu à certaines souches, vu que les sarments étant parfois fort longs l'opération devient très-pénible.

Voici comment on procède : quand on veut construire les fourneaux, il faut d'abord avoir fait une opération préparatoire si on n'a pas un personnel suffisant pour faire tout à la fois.

Une femme ou un enfant ramasse les sarments qu'on laisse réunis sur le sol par petites poignées ; à la suite vient un ouvrier qui, armé d'une petite hâche bien tranchante, fait suivre un billot qu'il peut facilement manier, d'une hauteur de 0,50 cent. à 0,75 centim., l'ouvrier prend donc au fur et à mesure les sarments et d'un coup de hâche les partage par le milieu et les laisse tomber à terre ; un autre ouvrier, homme, femme ou enfant vient derrière lui et commence l'échafaudage des fourneaux avec ces débris. Il faut voir combien est expéditive cette manière de procéder.

Arrivons donc à la troisième et dernière opération de notre procédé ; il me semble qu'elle vous intéresse encore plus puisqu'elle doit donner à nos cépages une résistance presque égale à celle des cépages américains. Je ne tarderai pas à satisfaire votre curiosité.

Ce 29 octobre 1876.

IX

3ᵐᵉ Opération

SPÉCIFIQUE APPLIQUÉ SUR LES RADICELLES DE LA VIGNE

TANNIN, PROTOXYDE DE FER, CHAUXFUSÉE.

(Combinaison chimique)

Est-il vrai, Viticulteurs, que notre suprême fonction ici-bas est le travail ? Cette grande vérité, qui se vérifie chaque jour pour l'homme est aussi applicable aux plantes, car elles travaillent comme nous et leur labeur n'est pas moins pénible que le nôtre, afin de se reproduire et nous donner les fleurs et les fruits. Nous en verrons les effets à la troisième opération à laquelle nous allons procéder sur nos vignobles en vue de repousser le Phylloxera vastatrix de nos cépages et qui devra être mortelle pour ce parasite, s'il persiste à s'acharner sur la vigne.

Ce n'est pas une théorie que ce système comme plusieurs d'entre vous peuvent le croire, mais une inspiration raisonnée, vérifiée sur l'ensemble de ce grave et profond problème, qui repose sur des faits certains ; notre procédé est pratique puisqu'il nous est permis de l'appliquer méthodiquement, avec précision, graduellement et d'une manière certaine, sans compromettre l'existence chancelante du sujet que nous aurons à traiter. Les cépages américains les plus résistants à l'insecte destructeur seraient nous dit-on : les Clinton, Concord, Taylor, Herbemont, Norton's Virginia, Cuningham, Lenoir, Jacqués, Mustang, Scupernon, etc., etc.

Avant de procéder à notre opération, posons les termes de ce problème complexe : Pourquoi les cépages européens sont-ils moins résistants? Comment se fait-il que les cépages exotiques soient frappés de mort, non-seulement en Amérique, mais encore sous l'ancien continent et sous notre ciel si clément du Midi ? — Pourquoi les américains ne tiennent-ils aucun compte des ravages faits par l'insecte et replantent-ils les vignes détruites sans préoccupation aucune de l'existence du puceron ? Comment l'insecte vit-il sur certains cépages sans en altérer la végétation ? — La mort des cépages américains doit-elle être attribuée uniquement au Phylloxera vastatrix ?

La question tend à s'élargir et nous entraîne, malgré nous, vers ce lointain pays où se tournent des *regards intéressés* pleins d'espoir d'un *bénéfice assuré*, vers ces contrées fortunées qui doivent nous procurer le salut de nos vignobles, à la condition que nos vignes soient désormais à demi-sauvages ; nos cépages seraient trop civilisés, c'est-à-dire trop bons, pour trouver là-bas une existence de longue durée.

Ces questions qui sont autant de faits acquis et dont il ne nous a pas encore été donné la solution, méritent vos plus sérieuses méditations, et, le moment venu, Viticulteurs, nous ferons en sorte d'en dégager toute la vérité.

Par la taille de la vigne et l'écobuage que nous avons déjà pratiqués sur nos vignobles, nous avons déjà obtenu une large part de bons résultats pour nous débarrasser de cet ennemi redoutable ainsi que des œufs et des larves des autres insectes nuisibles. Maintenant afin de les atteindre au sein de la terre, sur les radicelles, voici comment nous devons procéder.

Il nous faut d'abord à une distance de 0 m. 60 à 0 m. 70 environ tracer une circonférence dont le pied de la souche sera le centre', enlever toute la terre en suivant cette circonférence, jusqu'à la profondeur où nous avons atteint la première couronne des racines ; la terre devra être rejetée tout autour de cette circonférence et ne procéder que par intervalle de rangées, afin d'éviter l'encombrement.

Nous devons admettre que nous sommes en présence d'une vigne d'un certain âge, car une vigne plantée depuis peu d'années, vous le savez, n'a encore qu'un simple chevelu, s'il a été procédé à sa plantation par bouture. On comprend, sans efforts, que cette opération sera donc relative à l'âge du vignoble ; subordonnée aux conditions d'espacement et de la plus ou moins grande végétation de l'espèce selon les terrains fertiles où elle est plantée. Il nous faut toujours arriver à mettre à découvert la première couronne qui supporte la charpente de la souche. Ces premières racines devront nous servir de conducteur pour l'application de notre procédé, la nature nous aidant, notre spécifique ira jusques sur les plus petites radicelles ayant l'eau pour véhicule.

Toutes les plantes qui contiennent du tannin, Viticulteurs, sont employées ordinairement comme substances astringentes ; je ne sache que le *tannin isolé* ait été indiqué dans la question qui nous occupe. Cette matière, qui forme un élément de notre spécifique nous est largement donné par la nature, elle est à notre portée et pour ainsi dire sous la main puisque nous pouvons l'obtenir du chêne ordinaire, d'une

4

seconde espèce qu'on appelle rouvre et plus abondamment encore de l'espèce qu'on appelle vulgairement chêne vert.

Le sumac, qui croît en abondance dans le pays des Vosges et dans d'autres lieux pierreux, peut aussi, par le concours de ses feuilles, de son écorce et de son fruit, cueilli avant sa maturité, être pour nous un auxiliaire puissant de destruction du puceron dévastateur, ou du moins en atténuer les funestes effets en donnant en partie à nos cépages des qualités d'une résistance relative.

Si nous recherchions, Viticulteurs, quelle peut être la cause de la résistance de certains cépages américains aux attaques de cet insecte insaisissable, il nous serait permis d'en déduire cette vérité : que cette résistance dépend beaucoup de la nature physique du sol, des lieux de leur provenance et du milieu où chaque espèce vit et végète. Le moment n'est pas venu d'entrer dans les développements où nous entraînerait cette solution complexe. Il est à remarquer surtout qu'indépendamment de la quantité de tannin qu'il renferme, cet arbuste qu'on appelle aussi *Rhus Toxicodendron*, possède encore des qualités délétères qu'il nous serait permis d'utiliser.

Les divers peuples d'Amérique redoutent tellement les pernicieuses influences de ce végétal qu'ils l'ont taxé de poison.

Il n'est pas rare, en Amérique, Viticulteurs, de constater un nombre infini de végétaux à émanations délétères qui vivent côte à côte avec la vigne. Dans ce nouveau continent, la nature n'est encore qu'à *demi-civilisée*. Le seul contact de cette plante produit des effets visicants, très-remarquables sur l'épiderme ce qui nous explique en partie la résistance des cépages exotiques et le peu d'abondance du parasite dans certaines contrées et sur certaines plantes.

Le tannin est donc une substance à principe astringent; nous pouvons le recueillir sur les différentes
espèces de chêne, mais encore sur d'autres plantes,
puisqu'il est un des matériaux immédiats des végétaux.

Comme moi, vous devez soupirer après le moment
où il nous sera permis de jouir des grands avantages
que nous procurera cette belle conception : le canal
d'irrigation du Rhône, apportant à notre Midi la richesse et l'avenir de nos diverses cultures ; non que
je fonde beaucoup d'espoir sur les effets de la sub-
mersion, car les décevantes applications de la sub-
mersion de la vigne m'ont démontré que c'est la faire
vivre dans un milieu qui n'est pas le sien; mais bien
parce qu'il nous apporterait sur tout son parcours le
véhicule nécessaire pour notre procédé, tout en nous
permettant d'utiliser des terrains qui nous donne-
raient autant de revenus que la vigne sans être exposés aux mêmes fléaux; nous y trouverions encore
de réels avantages au point de vue de l'hygiène.

En attendant l'exécution de ce canal, hâtons-nous,
Viticulteurs, d'avoir recours à ce qu'il nous est actuellement permis d'utiliser; sans l'eau, tout mode
de traitement deviendrait inutile et pour que notre
procédé puisse être appliqué dans des conditions qui
nous assurent des résultats légitimes, nous devons
encore avoir recours à la nature en utilisant les
quantités d'eau qui seront à notre disposition et bé-
néficier des époques où cette *bonne mère* semble en
être prodigue à notre égard.

Voyons dans quelles proportions nous devons en
user.

Ce 19 novembre 1876.

II.

Voilà donc, Viticulteurs, nos deux premières opérations faites avec méthode ; les premières couronnes des souches de notre vigne sont déjà à découvert; arrivés à ce résultat, vous pouvez vous rendre compte de vos travaux et de vos débours. Nous verrons plus tard quel sera le chiffre de vos dépenses supplémentaires.

Vous ne vous doutez pas, Viticulteurs du Midi, que la propagande et la réclame sont allées jusqu'à dire que le Clinton, cépage américain, donnait un vin qui pouvait être comparé aux meilleurs vins de Narbonne ? Eh bien ! Je n'hésite pas à le dire, ceux qui ont écrit cela, croyez-le, n'ont ni de bons yeux ni un palais délicat. Ce n'est pas le moment de combattre de pareilles réclames. Je me propose, Viticulteurs, de vous faire connaître les divers cépages américains préconisés et celà sous la rubrique : le Viticulteur et les Cépages américains; vous pourrez alors choisir en connaissance de cause.

Comme il vous serait très difficile de vous procurer le tannin isolé, sans avoir recours à l'industrie et au commerce, où depuis quelques temps, la fraude se glisse sous toutes les formes, il sera prudent que vous fassiez tout par vous-mêmes, pour obtenir des résultats décisifs.

Prenez 500 grammes environ de tan c'est-à-dire d'écorce de chêne réduite en poudre, ce qui vous sera facile de faire avec un mortier ou sous la pression d'une meule comme font les tanneurs et saupoudrez-en les radicelles et les racines de la couronne qui est à découvert ; recouvrez cette première couche d'une petite quantité de terre soit avec la main, soit avec le concours d'une truelle; par dessus, répandez 250 grammes environ de chaux fusée, c'est-à-dire de la chaux que vous aurez laissé longtemps à l'air, sans l'éteindre, dont toutes les parties ignées se seront évaporées peu-à-peu et réduite en poudre très-menue.

Cette petite opération terminée, vous recouvrez encore avec une petite quantité de terre et vous arrosez avec *cinq litres* d'eau environ pour maintenir une humidité continue pendant quelques jours, afin que le tannin puisse communiquer aux radicelles et aux molécules de terre qui les environnent, les effets astringents qui lui sont propres; vous n'avez qu'à niveler le terrain en ramenant avec la bêche ou le râteau la terre au pied de la souche.

Notez, Viticulteurs, que l'eau dont vous venez de vous servir n'est point de l'eau ordinaire, c'est de l'eau ferrugineuse oxydulée obtenue avec du fer rouillé que vous aviez mis dans un cuvier à macérer pendant *quatre jours au moins* et celà dans la proportion de 50 kilogrammes de fer par 250 litres d'eau, en ayant le soin de le remuer une fois par jour.

Cette troisième et dernière opération doit se faire à l'époque où les pluies sont fréquentes, car la prudence exige que vous ayez toujours en réserve une quantité d'écorce de chêne en macération dans un cuvier ou un tonneau défoncé, afin de pouvoir donner à la souche un second arrosage, s'il restait trop longtemps à pleuvoir après que vous aurez fait l'opération. Vous le voyez, il n'y a aucun inconvénient à faire la préparation au milieu de vos vignobles.

Le système, Viticulteurs, ne peut être ni plus simple, ni moins dispendieux, ni plus pratique, et je me hâte de dire que vous avez tout ce qui est nécessaire à son application; dans les petites propriétés vos celliers sont suffisamment pourvus de cuviers, tonneaux, comportes, arrosoirs et de tous les outils nécessaires et indispensables; au besoin, vos pompes à soutirage pourraient, dans une certaine mesure, être utilisées pour les propriétés d'une assez grande contenance de terrain; dans tous les cas, je vous indique la nouvelle pompe rotative, à double usage pour l'arrosage, de MM. Moret et Broquet.

Recherchons ensemble, Viticulteurs, les effets qui vont être produits par cette dernière opération en vue de la destruction de l'insecte insaisissable.

L'écorce du chêne ainsi que celle des autres arbres ou végétaux qui contiennent du tannin nous est indispensable pour atteindre notre but; vous n'ignorez pas que les écorces des arbres sont la partie qui contient le plus de sel et d'huile. Cette abondance de sel et d'huile essentielle se manifeste par les effets réalisés dans les opérations de la tannerie et dans la science médicale; notre opération a donc pour but d'affermir le bois des racines tout en leur conservant la souplesse nécessaire pour leur végétation normale.

Ce 26 novembre 1876.

III.

Le sel, Viticulteurs, qui pénétrera de toute part, fortifiera le chevelu et l'empêchera de se corrompre; l'huile qui doit nécessairement s'insinuer partout, l'assouplira, le disposera aussi, ainsi que les racines, à se prêter à tous les mouvements imprimés par la sève ; mais elle fera plus : elle rendra encore le chevelu et les radicelles impénétrables à l'eau qui ne peut que précipiter la pourriture des filaments, conservant surtout ses effets astringents et caustiques pour repousser le Phylloxera et corroder les œufs déposés qui ne peuvent dès lors éclore.

La chaux fusée employée à petites doses, absorbant l'acide carbonique de l'air, devient encore un des agents les plus fécondants de la végétation; cette matière que l'eau surtout rend molle et obéissante; cette menue poussière répandue sur la première couronne de la souche devra s'insinuer dans les blessures des radicelles, entraînée qu'elle sera par l'élément qui doit lui servir de véhicule, y pénétrer et les préserver des attaques de l'insecte dévastateur.

L'eau ferrugineuse oxydulée contenant une espèce d'acide ayant une qualité rude, piquante et désagréable qui sera communiquée aux radicelles de la vigne, le terrible aphidien sera dès lors réduit à l'impuissance et ne pourra perforer les radicelles et les racines puisqu'il trouvera une résistance et que son odorat ne pourra plus découvrir les matières sucrées dont il se nourrit sur la vigne, comme sur les autres végétaux.

Par cette combinaison, Viticulteurs, ce redoutable ennemi se verra réduit à l'impuissance et à la famine, ne trouvant plus sa nourriture de prédilection qui était la sève douce et sucrée de la vigne; s'il ne déserte bientôt, un séjour prolongé lui sera funeste, par la raison que les principes corrosifs du spécifique ne tarderont pas à frapper de paralysie ses membres délicats et microscopiques.

Notre tâche de destruction sera bien plus facile pour reconstituer les vignobles détruits par l'insecte insaisissable. Il suffit de faire tremper pendant une quinzaine de jours, dans de l'eau de tannin, dédoublée avec de l'eau naturelle, les boutures que vous voudrez planter.

Il faut au préalable, Viticulteurs, procéder à l'écobuage du terrain que l'on veut convertir en vignoble et verser dans des trous faits à une profondeur de 30 à 35 centimètres à l'endroit où doit être placée la bouture, deux litres d'eau de tannin, mélangée avec une égale quantité d'eau ferrugineuse oxydulée; quelques jours plus tard, on pique la bouture par le plus gros bout où l'on a eu le soin, quand c'est possible, lors de la taille, de laisser quelques centimètres du vieux bois de deux ans. Dans ces conditions l'insecte dévastateur ne saurait s'en approcher et s'il y séjourne, ce ne sera que d'une manière presque inoffensive; il ne reste qu'à combler la cavité et comprimer la terre avec le pied.

C'est sur ces *principes certains* que repose la résis-

tance des cépages américains, comme nous aurons
occasion de le démontrer, l'âcreté de leur bois vous
dira assez la quantité de sucre qu'on peut y recueillir. Aussi, ceux qui préconisent ces cépages exotiques, peu sûrs d'eux-mêmes vous disent: « Viticul-
« teurs, d'une manière générale, il ne faut donc pas
« songer à substituer sur une grande échelle la cul-
« ture des *cépages américains* à celle de nos vignes
« françaises.»

Ce passage, Viticulteurs, est digne de votre plus
sérieuse attention et j'espère que vous en ferez vos pro-
fits.— De deux choses l'une ou les cépages américains
seront notre planche de salut ou ils seront notre
ruine dans un temps plus ou moins éloigné?

Pour ma part, je frémis au seul nom de cépages
américains, par la crainte de voir augmenter le
nombre des insectes dévastateurs venus du nouveau
continent. — N'avons-nous pas à redouter encore que
ces cépages exotiques ne nous gratifient aussi de ce
terrible insecte le *Doryphora decemlineata* qui ronge
la pomme de terre avec autant d'avidité que le Phylloxera dévore la vigne? Si nous sommes condamnés
à voir disparaître nos vignobles que nous ayons au
moins, Viticulteurs, des pommes de terre, ce tuber-
cule étant le pain quotidien du pauvre ouvrier et de
nos familles !

Courage donc, Viticulteurs et Vignerons intelligents, n'hésitons pas un seul moment à nous mettre
à l'œuvre avec confiance et à appliquer le remède sur
une vaste échelle.

Nos vignobles de l'Hérault sont gravement atteints,
ceux de l'Aude sont menacés ; déjà on y signale des
points d'attaque, le spécifique est non-seulement cu-
ratif, mais encore préventif et fertilisant. Tout notre
Midi y trouvera, croyez-le, le moyen de pouvoir re-

constituer les vignobles détruits et cruellement atteints.

Il sera répondu immédiatement à toute lettre demandant des renseignements en vue de l'application de mon système ; les lettres non affranchies seront rigoureusement refusées et il ne sera répondu qu'à celles qui renfermeront un timbre-poste *pour la réponse*, c'est le moins que je puisse exiger !

Ce 3 décembre 1876.

IV.

Viticulteurs, ceux d'entre vous qui désireraient me voir prendre la direction des opérations et les surveiller dans leurs vignobles me trouveront toujours disposé à leur être agréable dans la mesure où il me sera possible de me multiplier sans avoir *à me payer aucune indemnité*, si ce n'est les frais de déplacement, pour me rendre à *destination et retour*, pouvant procurer à ceux qui en feront la demande *un personnel* de dix à douze *ouvriers*, initiés aux divers travaux nécessités par l'application de mon procédé et dont le prix de la journée est fixé à *cinq francs* et huit heures de travail ; les ouvriers seront logés et nourris seulement le soir.

Plusieurs d'entre vous disent : mais, puisque vous êtes si convaincu de l'efficacité de votre système de traitement, pourquoi ne faites-vous pas les démarches nécessaires pour obtenir un brevet d'invention, afin de pouvoir, au besoin, vous en assurer la propriété, en vue du concours ouvert par l'Assemblée nationale, pour la prime de *trois cent mille francs !*

Laissez-moi vous dire en deux mots, Viticulteurs, que j'ai des raisons pour agir ainsi.

Si comme moi vous aviez vu, si comme moi vous aviez sondé les profondeurs de ce désastre vous n'auriez, comme moi, jamais pensé à cette prime. Un modeste *instituteur éprouvé* n'a pas assez à compter sur les influences pour mener à bonne fin des démarches fructueuses, afin de mettre la main sur une prime si convoitée, quel que soit son labeur.

Quand j'aurais un certificat de vous tous, Viticulteurs et Vignerons intelligents, alors je demanderai mon brevet d'invention, parce que ce sera l'expression de vos suffrages et cela, avec garantie de la République, il me suffit de mettre à votre disposition mon procédé et ma bonne volonté, pour subir l'épreuve de votre intelligence et de vos connaissances pratiques, l'avenir fera le reste. Je serai très-heureux d'être copié et écouté, la satisfaction que procure la conviction d'un devoir accompli est la meilleure récompense de l'homme qui a l'estime de soi-même.

Pour moi, je promets et vous assure dans vos vignobles les feuilles et les fleurs ; mais il appartient à la *Providence seule* de nous donner les fruits !

Mon système n'échappera ni à la jalousie ni à la critique des hommes envieux qui s'occupent de ce grave problème, non plus qu'à celle des ignorants, ni à l'indifférence des routiniés et des égoïstes ; peu m'importe qu'on me taxe de *prétentieux ou de fou*, croyez-le, Viticulteurs, la réplique ne se fera pas attendre et vous serez les juges de nos dires et de nos résultats.

Celui-là aura atteint le but qui saura joindre l'utile à l'agréable en amusant le Viticulteur et l'instruisant en même temps.

C. BASTIDE,
Instituteur communal.

1877

Béziers, Imp. RIVIÈRE, rue de la Citadelle, 5.

www.ingramcontent.com/pod-product-compliance
Lightning Source LLC
LaVergne TN
LVHW021659080426
835510LV00011B/1485